水与人类

Water And Humans

水精灵的全球水之旅

本书编委会 编著

[泰] 苏鹏 绘

中国水利水电出版社
www.waterpub.com.cn

·北京·

图书在版编目（CIP）数据

水与人类：水精灵的全球水之旅 / 本书编委会编著. -- 北京：中国水利水电出版社，2024.5
ISBN 978-7-5226-2416-7

Ⅰ.①水… Ⅱ.①本… Ⅲ.①水环境－儿童读物 Ⅳ.①X143-49

中国国家版本馆CIP数据核字(2024)第076195号

责任编辑：徐丽娟　栾　峰
策划编辑：栾　峰
特约编辑：高　婵
营销编辑：李　格

书　名	水与人类：水精灵的全球水之旅 SHUI YU RENLEI: SHUI JINGLING DE QUANQIU SHUI ZHI LÜ
作　者	本书编委会　编著　[泰]苏鹏　绘
出版发行	中国水利水电出版社 （北京市海淀区玉渊潭南路1号D座　100038） 网　址：www.waterpub.com.cn E-mail: sales@mwr.gov.cn 电　话：（010）68545888（营销中心）
经　售	北京科水图书销售有限公司 电话：（010）68545874、63202643 全国各地新华书店和相关出版物销售网点
装帧设计	李　威
排　版	于　莹
印　刷	天津联城印刷有限公司
规　格	250mm×250mm　12开本　3印张　50千字
版　次	2024年5月第1版　2024年5月第1次印刷
定　价	68.00元

凡购买我社图书，如有缺页、倒页、脱页的，本社营销中心负责调换
版权所有·侵权必究

本书编委会

主　编：金　海

副主编：郝　钊　蒋云钟

参　编：池欣阳　沈可君　徐丽娟　高　婵　栾　峰　方　斯

顾　问：洛克·福勋（世界水理事会主席）　石秋池

晚上,源源睡着了,梦见自己和水精灵在高空飞翔。

虽然开普敦现在这么好看,可是你知道吗,之前我们经历了一场连续3年的干旱,引发了严重的"水危机"。市政府不得不宣布,如果市民、企业不改变用水习惯,那么2018年4月12日将成为开普敦水资源的"归零日",水厂不再提供自来水,每人每天只能用25升水。那段时间,不仅是爸爸妈妈,我们小朋友也要到指定的地方排队领水呢。

后来,因为降雨量有所增加,加上政府和居民的共同努力,我们躲过了那次灾难。但那段经历让我们深刻认识到了水资源的重要性。从此,我们把节约用水变成了习惯。

水精灵笔记

南非的开普敦属于地中海气候,那里的夏季很温暖,雨水在冬季才会来拜访。但是,从2015年开始,开普敦的降雨突然"消失"了。连续3年干旱后,开普敦附近的水库日渐干涸,如果事态持续发展下去,开普敦将成为世界上第一个水资源枯竭的大城市。这真是一件可怕的事情!

听完马文的故事,源源又被水精灵带走了。这一次,他们飞到了印度尼西亚的巴厘岛,漂亮的大眼睛小姑娘薇拉迎接了源源。

看看我的家乡吧,我们的田地依山而建,祖辈们发明了一种叫作"苏巴克"的灌溉系统。这个灌溉系统能够将水集中到山上,然后水会从山上自然地流到田里,让水一点儿也不浪费地用来灌溉。在这个系统中,每一片稻田都能得到滋润,生长出美味的稻米。

神奇的苏巴克灌溉系统由很多水渠、水坝和水轮机组成,可以引导河水向山顶积聚,连接运河、暗道、堤堰,以及各式规模的水神庙,流向平原,滋润农田。

水平衡管理法

水污染指令

污水征费法

饮用水条例

地下水条例

德国的水费包含清水费和污水处理费，其中污水处理费占水费的大部分，高价水费使居民更加惜水如金。

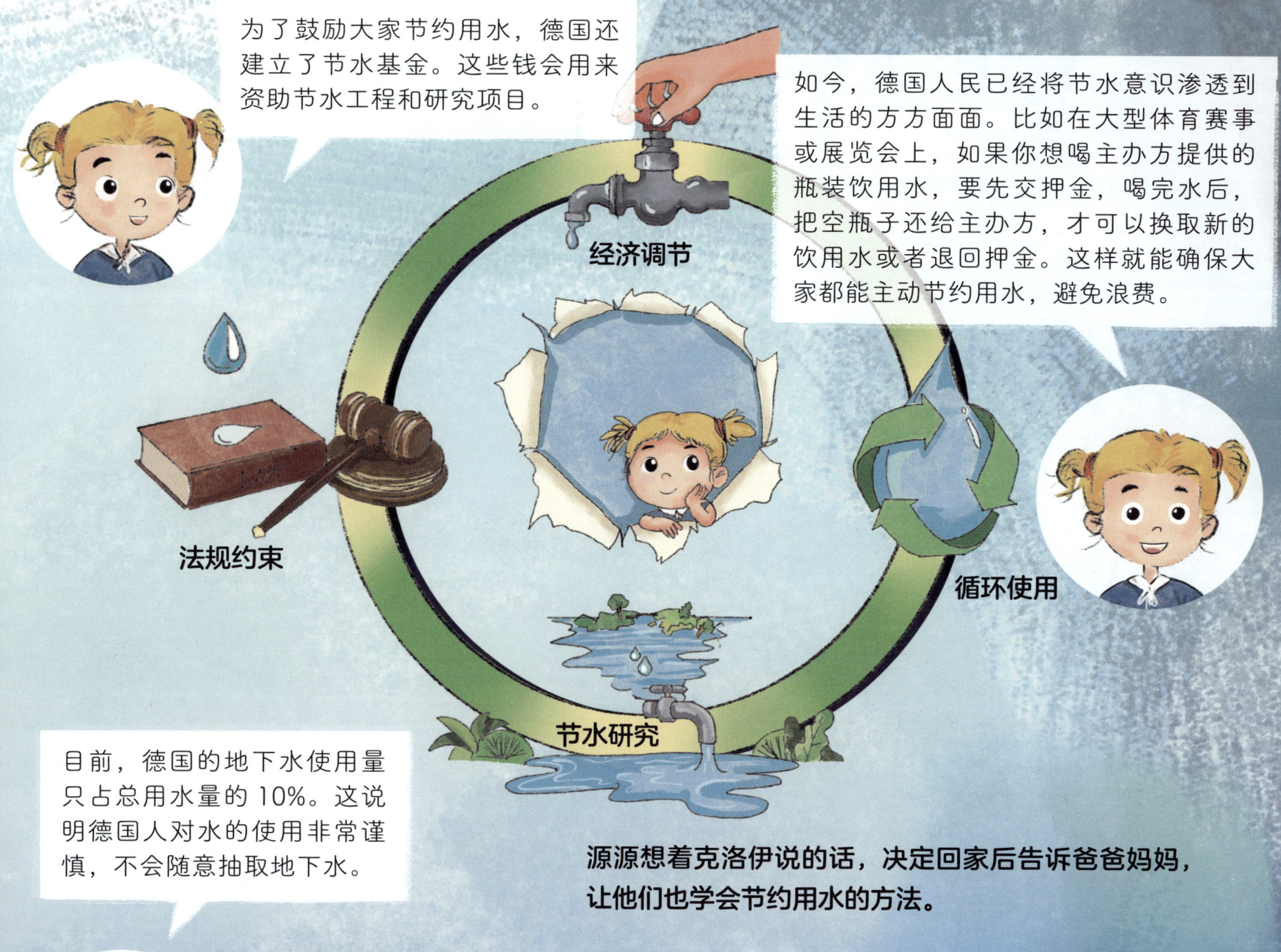

为了鼓励大家节约用水，德国还建立了节水基金。这些钱会用来资助节水工程和研究项目。

如今，德国人民已经将节水意识渗透到生活的方方面面。比如在大型体育赛事或展览会上，如果你想喝主办方提供的瓶装饮用水，要先交押金，喝完水后，把空瓶子还给主办方，才可以换取新的饮用水或者退回押金。这样就能确保大家都能主动节约用水，避免浪费。

经济调节

法规约束

循环使用

节水研究

目前，德国的地下水使用量只占总用水量的10%。这说明德国人对水的使用非常谨慎，不会随意抽取地下水。

源源想着克洛伊说的话，决定回家后告诉爸爸妈妈，让他们也学会节约用水的方法。

水精灵问题

想一想，我们自己能做些什么来节约用水呢？

节约用水的一天可以这样做：刷牙时不让水龙头一直开着，洗手时尽量快速关闭水龙头……晚上，小朋友和爸爸妈妈一起讨论这一天的节水成果，看看谁做得最好。

后来，有人提出一个大胆的想法：如果把海水变成能喝的水，是不是就能解决缺水的难题呢？于是，我手中的这瓶水有了个特别的名字——新生水！正是新生水帮助新加坡摆脱了淡水危机。想知道新生水是怎么诞生的吗？带你去看看新加坡的神奇新生水工厂吧！

水精灵笔记

2002年，作为37周年国庆活动的序幕，时任新加坡总理吴作栋第一个饮用新生水，并宣布，今后新加坡人的饮用水将是新生水和自来水的混合水。

第一步，一个叫作"气浮系统"的大家伙开始工作。它会把水中的大颗粒悬浮杂质赶走，让干净的水流出来。

第二步，"微滤"和"超滤"上场！它们会进一步除掉水中的杂质。

第三步，来到"反渗透"的区域！在这里，海水中的无机盐和其他有害成分被脱去，海水就变成了淡水。

第四步，紫外线消毒系统可以快速杀死水中的细菌、病毒等微生物，有效提高水质，让我们的新生水更加安全。

第五步，纯净的水缺乏矿物质，长期喝可能会导致人体缺少微量元素，所以，还要在水中添加一些矿物质并调整酸碱度，让它变成既健康又好喝的水！

3. 高压反渗透

4. 紫外线消毒

5. 添加矿物质

就这样，新生水诞生啦！

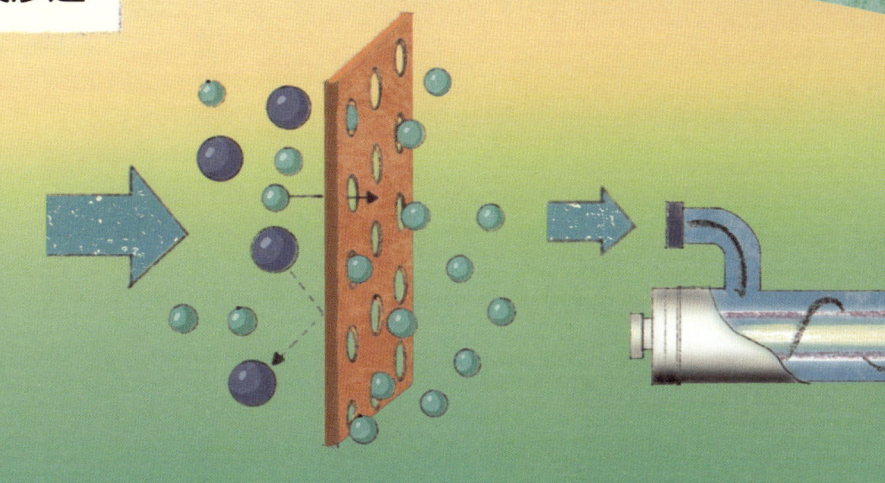

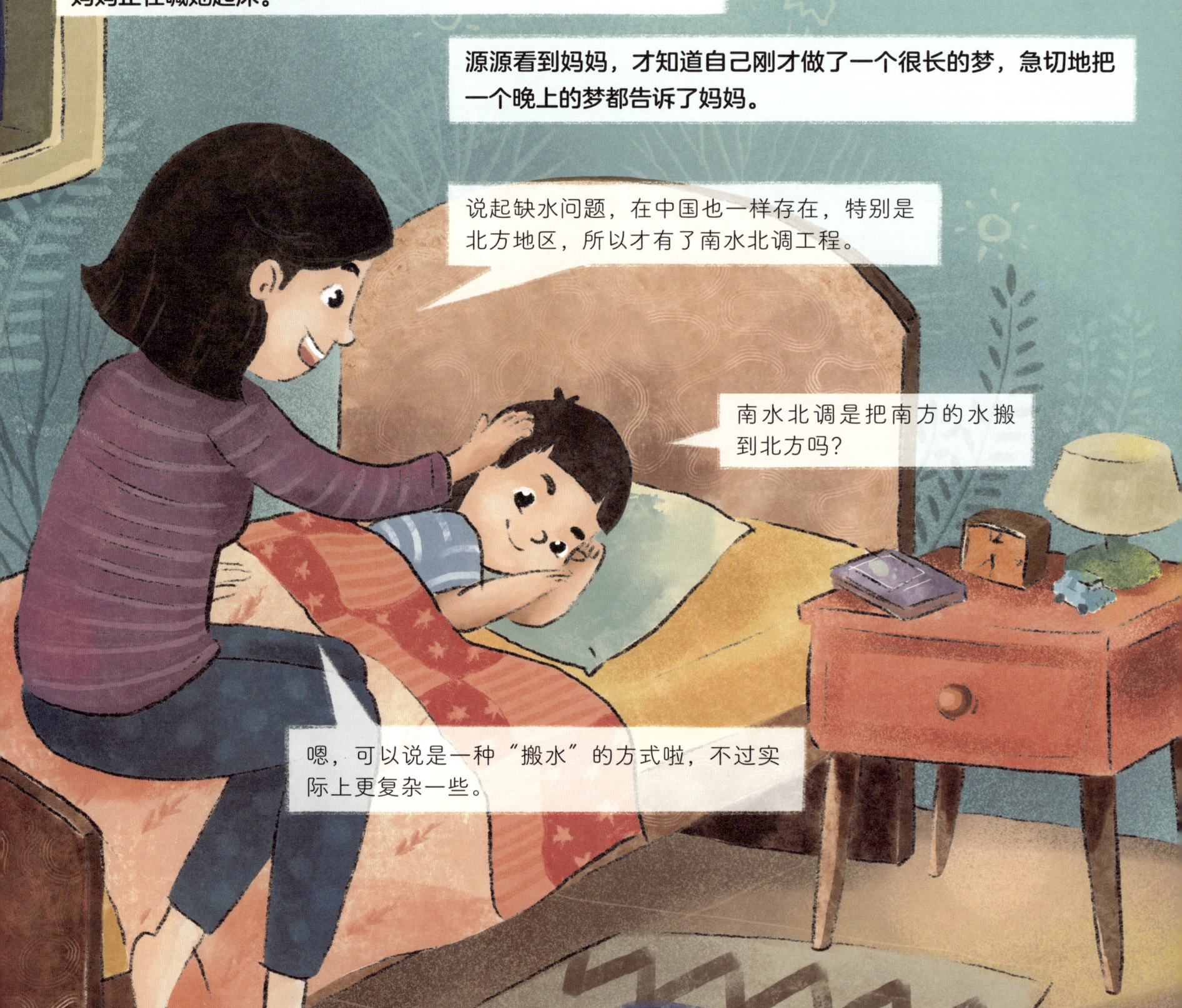

源源一边听,一边着急喝那瓶水。可那瓶水好像在和他捉迷藏,明明有水,却怎么也喝不到!一着急,源源发现自己躺在床上,妈妈正在喊她起床。

源源看到妈妈,才知道自己刚才做了一个很长的梦,急切地把一个晚上的梦都告诉了妈妈。

说起缺水问题,在中国也一样存在,特别是北方地区,所以才有了南水北调工程。

南水北调是把南方的水搬到北方吗?

嗯,可以说是一种"搬水"的方式啦,不过实际上更复杂一些。

南水北调工程是怎么工作的呢?其实很像小朋友玩的管道游戏。工程师们设计了三条线路,就像是三条巨大的水管,将水从中国的南方输送到北方。

瑞士｜瓦伦湖

俄罗斯｜贝加尔湖

中国 | 长江

世界上很多地方都有缺水问题，都需要节约用水。没有水，不仅是人，所有的动物和植物都不能活了。想想吧，如果真的是这样，我们就再也没有这个蓝色的星球了。

是的，我一定要节约水，爱护水。到学校也会告诉我的小伙伴们一起节约用水，长大了要想出更好的节水技术来。一定不能让地球没有水。

水精灵小实验

南水北调工程中,南方的长江水要穿过黄河才能到达北方。工程师们想了一个办法,在黄河河床底下挖通隧洞,让水从地下穿过黄河,再利用虹吸效应让水回到地上。"虹吸效应"体现了压力差的巨大威力,小朋友,你想试一试吗?

实验材料

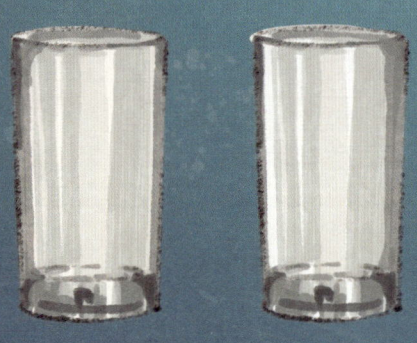

两个透明玻璃杯

一根能弯曲的吸管

水

实验步骤

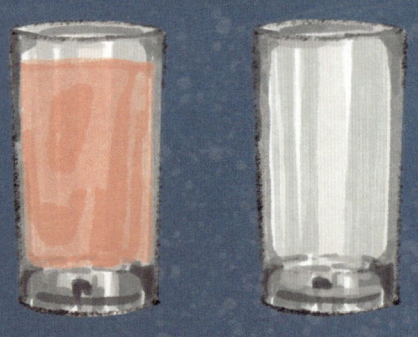

1. 在一个透明杯中加满水,另一个杯子不加水。

2. 将吸管的两头朝上放进有水的杯子中,使吸管内充满水。

3. 用手指在水中堵住吸管一端的开口。